服装款式设计 1688 例

石历丽◎编著

Cases of Fashion Design

中国纺织出版社

内 容 提 要

　　本书分为服装部件款式设计图、女装款式设计图和男装款式设计图三部分，以1688例丰富的原创绘制黑白款式图，表现了最新服装款式设计理念与独特服装质感，诠释了服装流行趋势、形式美法则及服装款式构成等知识。

　　本书服装款式设计新颖，图片清晰，既是服装设计专业的实用性教材，也可作为服装款式设计图学习和借鉴的必备工具书与速查手册。

图书在版编目（CIP）数据

服装款式设计 1688 例／石历丽编著．—北京：中国纺织出版社，2013.6 （2015.11 重印）
　ISBN 978-7-5064-9739-8

　Ⅰ．①服… Ⅱ．①石… Ⅲ．①服装设计 Ⅳ．① TS941.2

　中国版本图书馆 CIP 数据核字（2013）第 094809 号

策划编辑：金　昊　　责任编辑：华长印　　特约编辑：王　璐
责任校对：楼旭红　　责任设计：何　建　　责任印制：何　艳

中国纺织出版社出版发行
地址：北京市朝阳区百子湾东里 A407 号楼　邮政编码：100124
销售电话：010—67004422　传真：010—87155801
http://www.c-textilep.com
E-mail: faxing@c-textilep.com
官方微博 http://weibo.com/2119887771
中国纺织出版社天猫旗舰店
北京佳诚信缘彩印有限公司印刷　各地新华书店经销
2013 年 6 月第 1 版　2015 年 11 月第 4 次印刷
开本：710×1000　1/12　印张：15.5
字数：135 千字　　定价：32.00 元

凡购本书，如有缺页、倒页、脱页，由本社图书营销中心调换

前言

　　服装款式设计是服装设计专业的一门专业必修基础课程。本书是在多年教学成果积累的基础上精心编著而成，将不同类别的男、女装款式设计图以黑白线稿的形式表现，体现出现代服装设计创意思维的灵活性与款式设计的实操性，具有时尚性、实用性、原创性和代表性，表现技法丰富新颖，展现出服装与面料的质感，令人耳目一新。每一类款式都配以精炼的文字来说明款式类别、适合场合、适合对象、设计要点等，深入浅出，立足于开拓读者的设计思维和培养学生的创新能力。

编著者

2013年3月

introduction

目录

contents

Part 3 男装款式设计

Part 1

服装部件款式设计

领型设计

口袋设计

袖子设计

图案设计

领型设计

领型设计指领子的外轮廓设计，是款式设计的一个重要部分，主要包括领口形状和装领形状。领口形状通常分为一字型、圆型、V型、U型等，适合休闲服装、内衣或者夏装，也可单独为领型。装领形状主要有立领、平领、翻领和驳领等。领型按照造型分为标准领、青果领、平驳领、戗驳领、异色领、暗扣领、敞角领、纽扣领等。

领型设计的要点：内结构线符合颈部的结构和运动规律，保护颈部。外造型线要符合流行趋势。同时，充分运用材料的搭配和不同工艺，与上衣的外部造型相协调，与着装者脸型相称，衬托颈项之美。

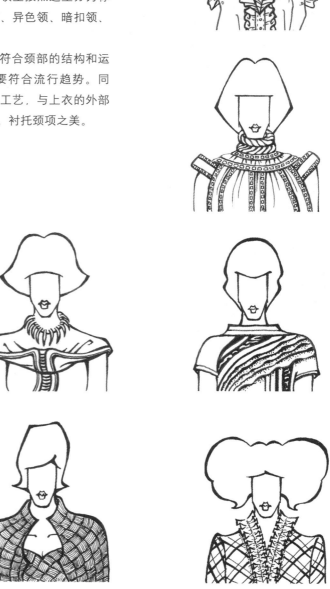

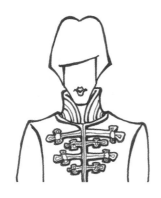

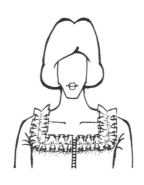

领型设计

领型设计

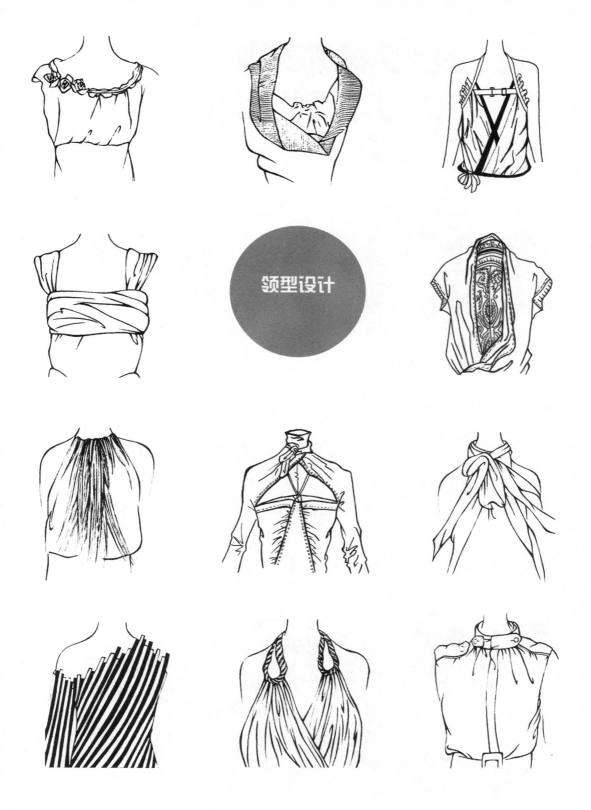

领型设计

口袋设计

口袋指缝在衣服上用以装物品的衣兜，兼具实用和装饰功能，是西装、夹克的必有部件。按照制作方法，口袋通常分为插袋、挖袋和贴袋。插袋较为隐蔽，一般在裤子的侧缝处；挖袋平整、不破坏面料表面，适合于高档服装，并可以加袋盖；贴袋简洁实用、有装饰效果。

设计要点：根据不同服装类别设计不同造型的口袋，口袋位置灵活，是服装上活跃的点，色彩、大小、体积是口袋设计、变化的要点。

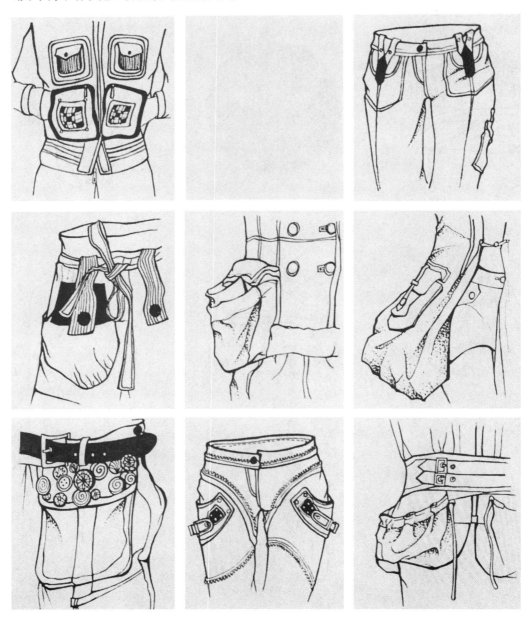

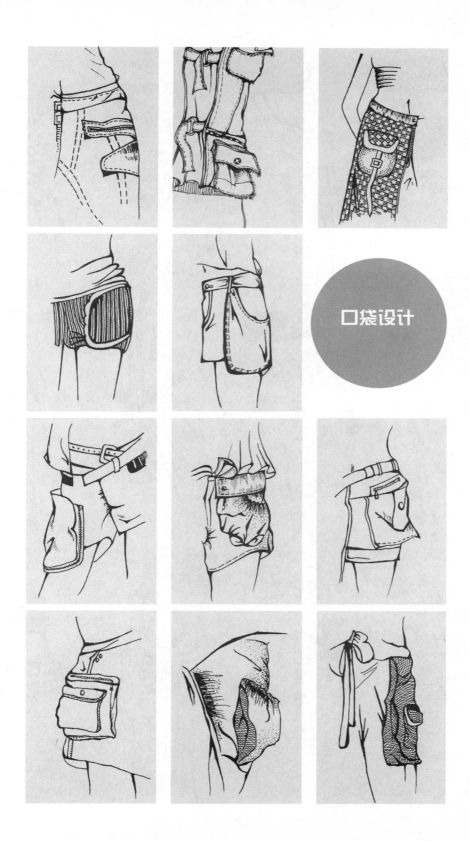

口袋设计

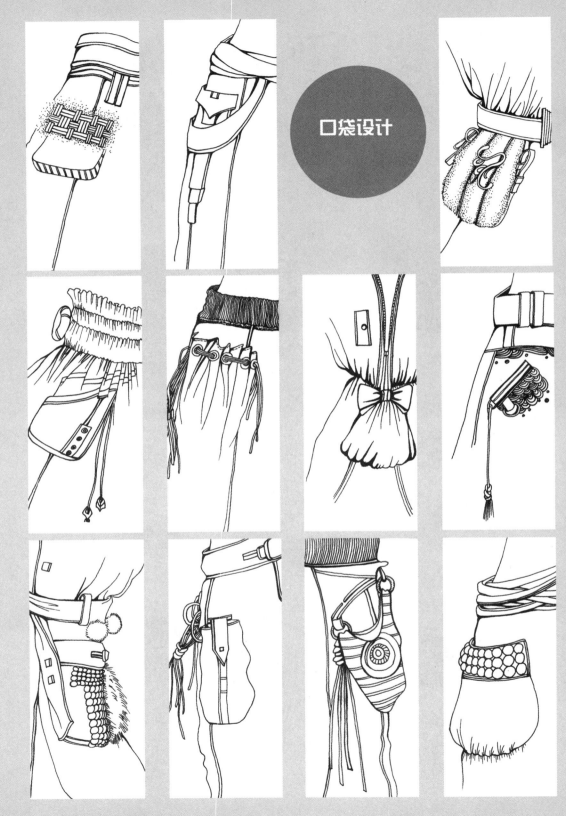

口袋设计

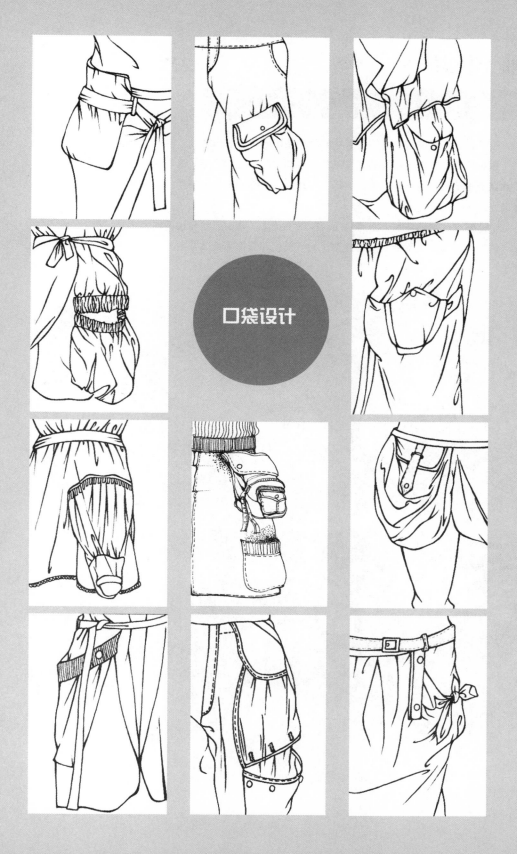

口袋设计

袖子设计

袖子是服装套在胳膊上的圆筒状部分。按照制作方法分装袖、插肩袖和连袖。根据服装类别选择不同的制作工艺和造型，装袖合体笔挺，适合西服等正式服装；插肩袖自由宽博，适合休闲和运动服；连袖肩部平整圆顺，适合休闲服装。

设计要点：袖子要利于胳膊的活动并保护身体，袖山弧线和袖窿的大小对袖子的整体造型至关重要，袖口造型、袖子长度和装饰等细节都要与服装整体协调、风格统一。

袖子设计

袖子设计

袖子设计

图案设计

图案原指服装面料上的花纹。现代服饰图案包括纹样、肌理、光泽和装饰等，有写实、写意、变形等表现手法，是服装款式设计的创新点。

设计要点：题材要新颖广泛，风格多样，形式灵活，以个性化原创设计结合面料结构特点、高科技印染手段，表现服饰图案的旖旎多姿。

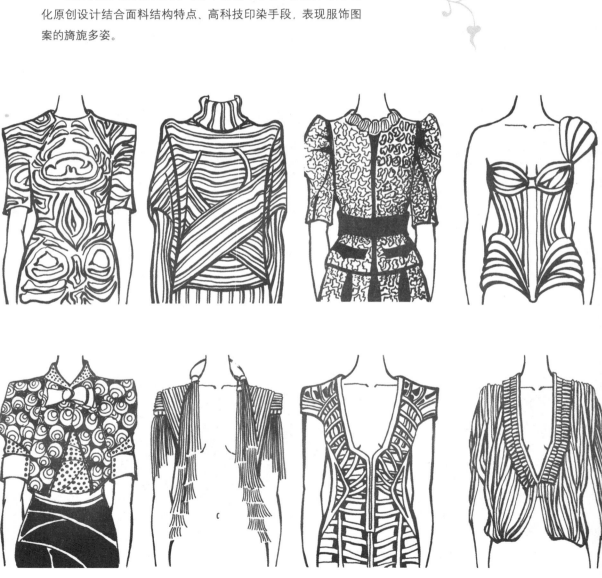

图案设计

图案设计

图案设计

Part 2

女装款式设计

内衣　　　　　　　上衣

裙子

裤子

外套・大衣

内衣

分体内衣

　　分体内衣包括遮蔽及保护乳房的胸罩和保护下体的内裤，是现代女性不可缺少的日常服饰之一。美观舒适的内衣对女性的着装外观和身体健康非常重要，不仅具有矫形、塑身、装饰、吸汗和保暖功能，同时体现了一个人的情感诉求和生活品位。

　　设计要点：以绣花、蕾丝、镂空装饰营造朦胧与性感，选择具有良好的弹性、吸湿性、透气性、保暖性的面料制作，使贴身穿着柔软、舒适，衬托女性优雅的曲线美。

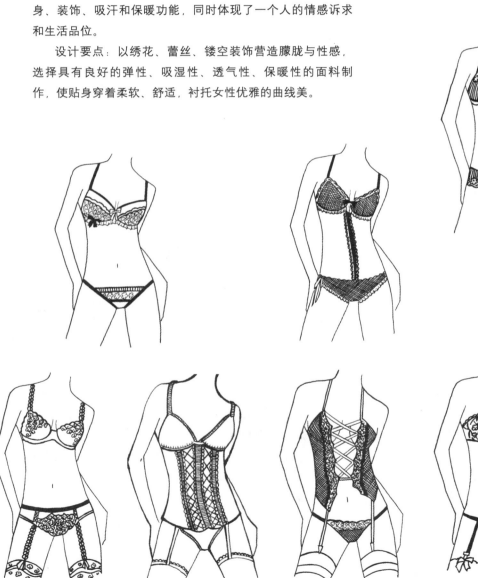

分体内衣

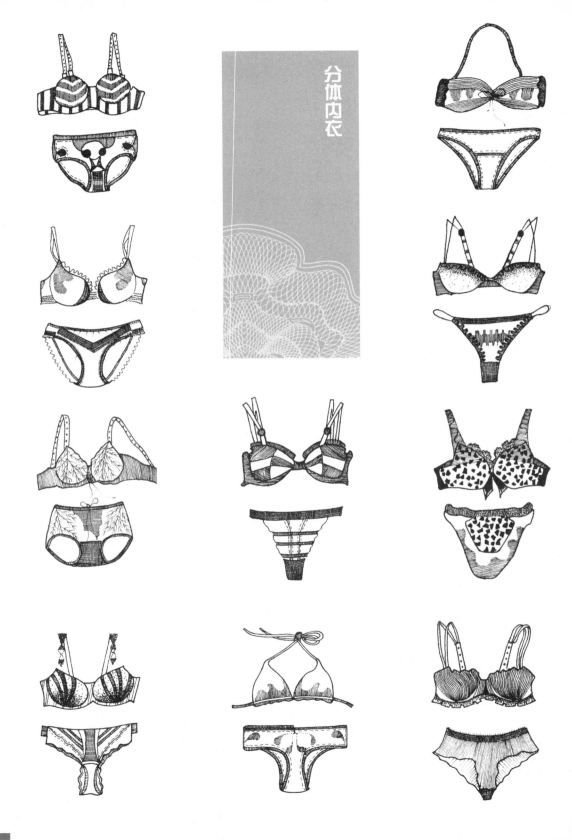

分体内衣

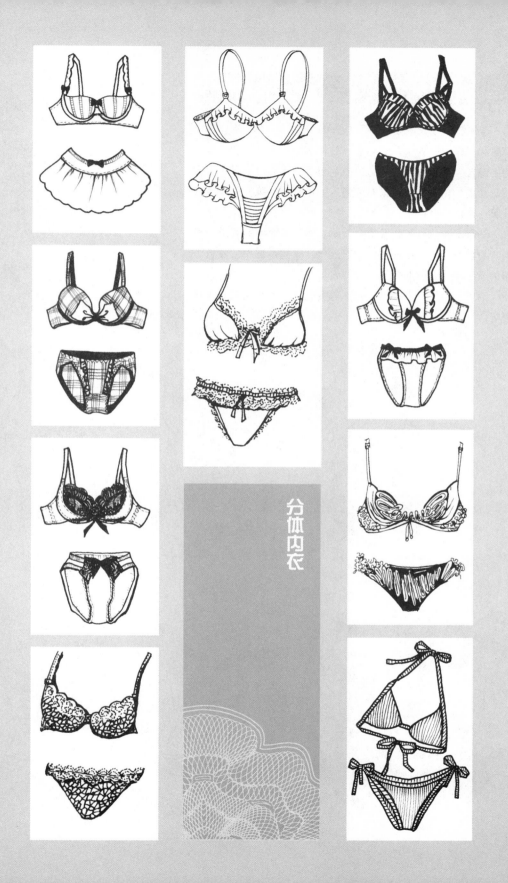

分体内衣

连体塑型内衣

　　连体塑型内衣的名称源于与分体内衣的区别，指胸罩、腰封和束裤连接在一起的内衣。整体调整胸、腰、腹、臀、胯各部位，是现代女性不可缺少的日常服饰之一。具有形体矫正功能，使身体曲线柔和顺畅，达到造型效果。一般穿在礼服、套装、裙装里，不宜露出痕迹。

　　设计要点：材料必须符合人体工学和卫生学的要求，使得穿着舒适，不影响皮肤的呼吸透气。采用半透明、浅色为主的薄料能具有隐蔽效果，贴身设计完美呈现人体曲线，罩杯、肩带的位置、分割线的数量等变化对内衣功能有着直接影响。

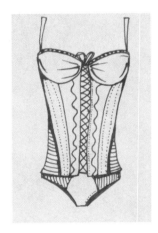
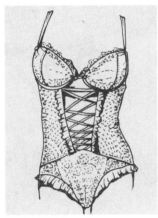

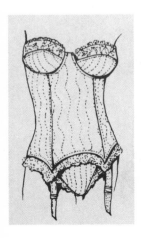
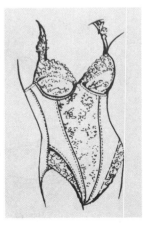
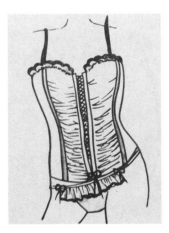
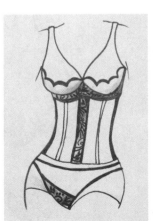

连体塑型内衣

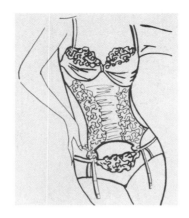

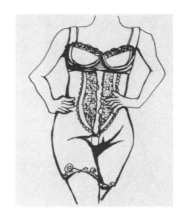

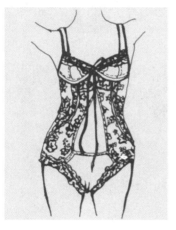

连体塑型内衣

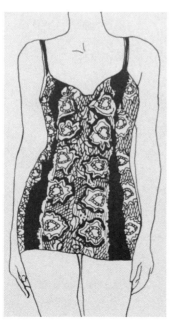

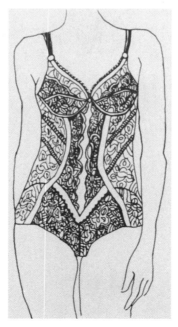

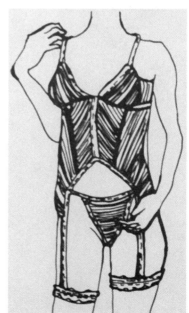

衬裙

穿在裙子里面，可将裙子与人体皮肤隔开的内裙，具有塑造裙子造型、保护皮肤不受刺激、避免身体分泌物对裙子污染等作用。是较为高档裙子的主要组成部分，也可以单独穿着的一种裙子。

设计要点：一般适宜采用简洁的款式和质感良好的面料。略长于外裙，蕾丝花边或有刺绣的底边是流行要点，有些衬裙需添加辅助的填充、塑型材料来实现外裙的造型。

衬裙

衬裙

睡衣

　　睡衣是睡觉时穿用服装的总称。性能上强调必要的卫生功能，如良好的吸湿性、透气性及舒适性等。睡衣属私人用品，款式、风格、材质、装饰等依据个人爱好而不同。

　　设计要点：柔软的材质，如纯棉、丝绸、羊绒等广受欢迎，吊带式薄型睡衣、毛巾布厚型睡衣等款式丰富，蕾丝、刺绣、闪光元素的应用适宜个性化的睡衣设计。

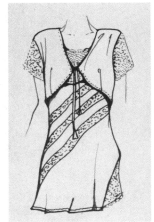

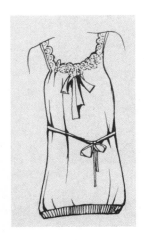

睡衣

睡衣

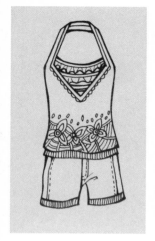

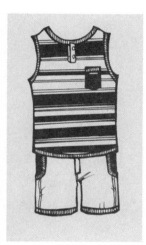

睡衣

上衣

女式马甲

　　马甲指无袖的外套，一般开襟，有纽扣。常常分为西装马甲和休闲马甲，前者与西服套装、衬衫搭配较为正式；后者款式丰富，适宜日常生活、外出等随意场合。

　　设计要点：女式西装马甲外形以曲线为主，合体度好，注重领型、省道线等细节变化，以精致花边、包扣等细微装饰突出品位。休闲马甲的面料、色彩和装饰可以略微花哨。

女式马甲

女式马甲

女式马甲

吊带衫

吊带衫原指女性贴身无领无袖背心，随着内衣外穿的流行而成为夏季外穿单品。其简洁自然、质地轻柔、性感时髦，体现女性的活力美。

设计要点：颜色丰富，以不同风格、多元化的设计将女性的性感与健康清新的气息贯穿。领口的亮片镶边、肩部的褶皱、漂亮的蕾丝花边、繁复图案的设计以及柔软飘逸的面料最为入时。

吊带衫

吊带衫

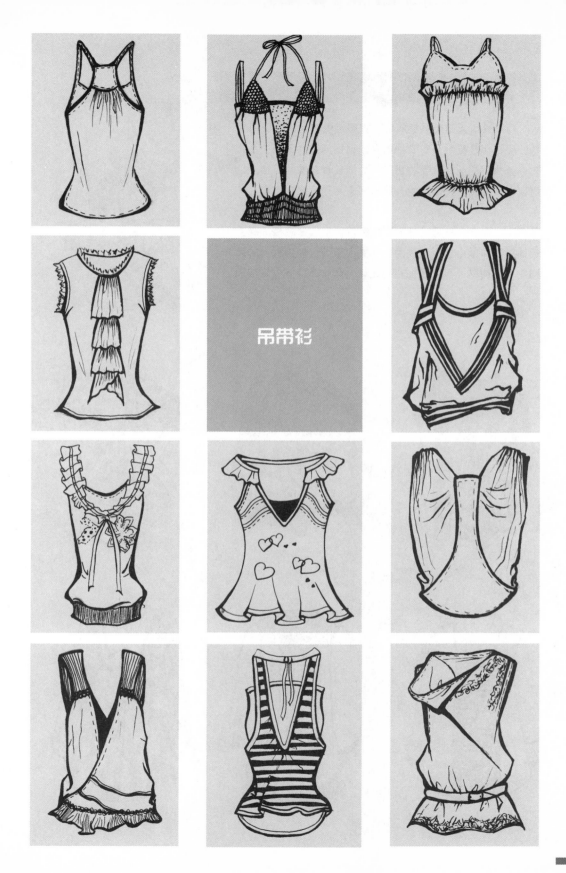

吊带衫

女式衬衫

衬衫原指为西装、礼服等正规服装做内衬的衣服的统称，现在也包括贴身穿着的单衣。根据用途的不同，女式衬衫分为正规场合穿着的衬衫和休闲场合穿着的衬衫。前者以白色为主，简洁庄重；后者便于活动，款式丰富，花色繁多。

设计要点：正规衬衫选用白色带暗条纹、隐格的高支棉面料制作，廓型以直线为主，突出干练；休闲衬衫的面料要有时尚感，可以增加褶裥设计、绣花装饰等，细节设计适度活泼。

女式衬衫

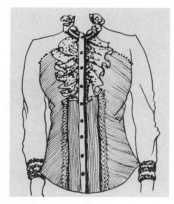

女式T恤

T恤也称"文化衫"，来源于英文"T-shirt"的英译、外形似英文字母"T"而得名的翻领或无领、长袖或短袖的外穿薄上衣，是全球最流行、最大众化的服装之一。尤其在夏季，以自然舒适、潇洒又不失庄重之感出现在各种休闲、商务或礼仪场合，满足了人们返璞归真、崇尚自然的心理需求，材质以纯棉为主。

设计要点：女式T恤以镶拼、印花、渐变色等图案与色彩的丰富变化来显示设计的独具匠心，突出视觉美感和活泼感，增加艺术韵味。

女式T恤

女式T恤

女式T恤

女式卫衣

卫衣指内加一层棉绒的厚秋衣，宽松简洁是其主要特征。有套头式、开襟式、连帽式等。一般袖口有松紧带，有的腹部有口袋，有的加罗纹领口或底边，保暖性好，便于运动或休闲，融合舒适与时尚，成为不同年龄人运动休闲的日常服装。

设计要点：女式卫衣以纯棉与摇粒绒复合面料为主，适当增加分割线、印花图案来丰富造型和外观，色彩缤纷，纯色与条纹面料的拼接、不对称剪裁使其更加时尚化。

女式卫衣

女式卫衣

女式卫衣

女式运动服

女式运动服指从事体育运动和相关活动穿用的轻便服装，包括运动外套、运动裤、运动背心与运动短裤等，品种丰富。随着健身和休闲生活方式的推崇，变化丰富的运动服深受男女老少的喜爱。

设计要点：在保证运动安全前提下追求舒适随意、时尚个性的款式，在流行元素的衬托下，凸显人体及其动作的优美，既让人感到赏心悦目，又超凡脱俗。面料光泽柔和，款式适度宽松，色彩艳丽，对比色的运用增强了视觉冲击力。

女式运动服

女式运动服

女式运动服

女式牛仔服

以牛仔布为面料且紧身、贴体的服装统称为牛仔服。最早是在美国西部地区的牧人和矿工中流行，因缉线显露、坚固耐用、穿着随意、风格粗犷、实用性强等特点成为日常服装，深受世界人民喜爱。款式有牛仔夹克、牛仔裤、牛仔衬衫、牛仔马甲等。

设计要点：选择高科技含量的牛仔面料，采用适当的肌理、做旧等后处理与装饰手法，随着流行不断演绎变化，款式新颖，体现个性与创新。

女式牛仔服

女式牛仔服

女式牛仔服

女式针织衫

　　由针织材料制成的上衣，质地柔软、透气性好、弹性优良、穿着舒适，深受女性喜爱。女式针织衫是经典服装的流行文化象征，是时尚的镜子，款式变化丰富，别具一格。

　　设计要点：针法的丰富变化、色彩的搭配和肌理的对比是女式针织衫的设计要点。机织款休闲清新，体现了上班族的干练与优雅气质，手织款针法新颖曼妙，适宜单穿或者个性搭配。纯毛针织衫稳重恬淡，腈纶针织衫色彩鲜艳，时尚感强烈，衬托出女性的活力。

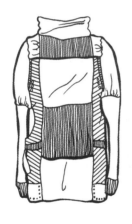

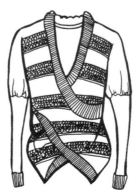

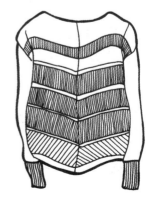

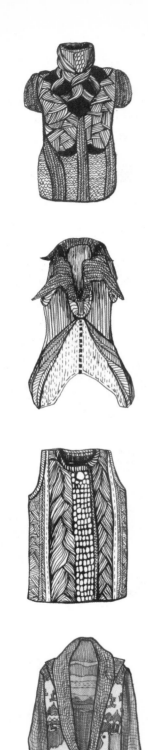

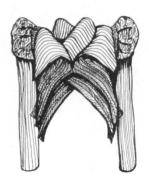

女式针织衫

女式针织衫

女式针织衫

时尚创意衫

　　时尚创意衫指在一定时间、地域内为一部分人所接受的新颖入时、代表时代感和流行性的服装。其款式、造型、色彩、纹样、缀饰等元素不断变化，标新立异，最能体现设计者与穿着者的文化艺术修养与审美水平。

　　设计要点：紧紧抓住流行趋势，鲜明、个性化的创意、原创性的肌理或面料、独特的裁剪、前卫的装饰以及给人强烈视觉震撼的搭配是时装在极短流行周期成功的法宝。

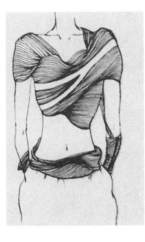   

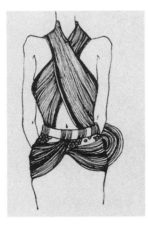   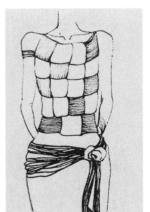

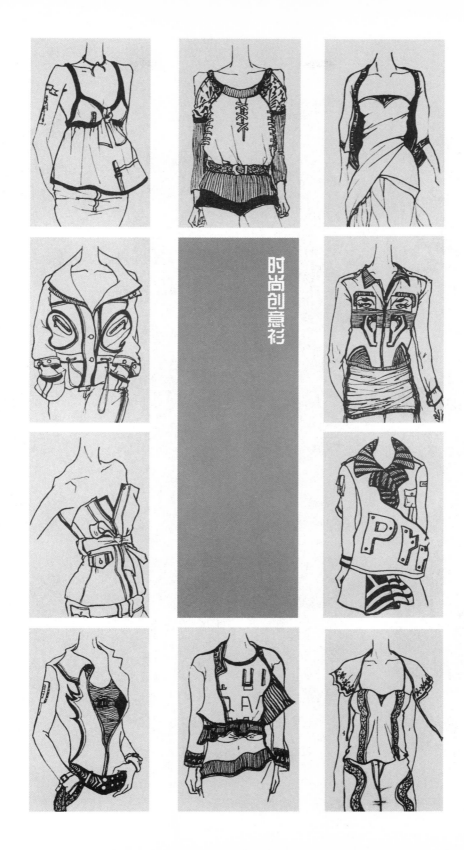

时尚创意衫

时尚创意衫

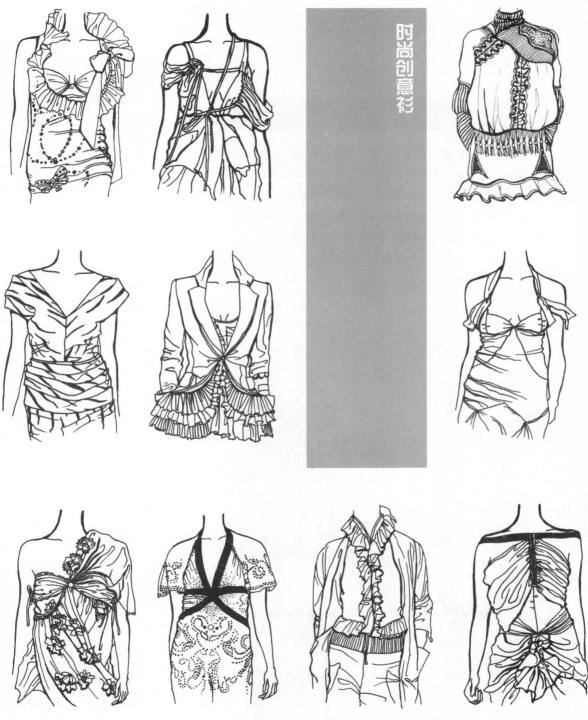

时尚创意衫

裙子

半身裙

半身裙是一种围于下体、由裙腰和裙体构成的下装。通风散热性好，穿着方便，行动自如，款式变化多而为不同年龄的女士广泛喜爱，可以采用不同的面料制作，突破季节限制。

设计要点：裙腰的高低、裙长的变化、裙体外形轮廓、裙摆的大小、裙子裁片的数量、裁剪的方向形成的裙摆波浪效果、裙体褶裥给人以强烈的韵律感和时尚感。

半身裙

半身裙

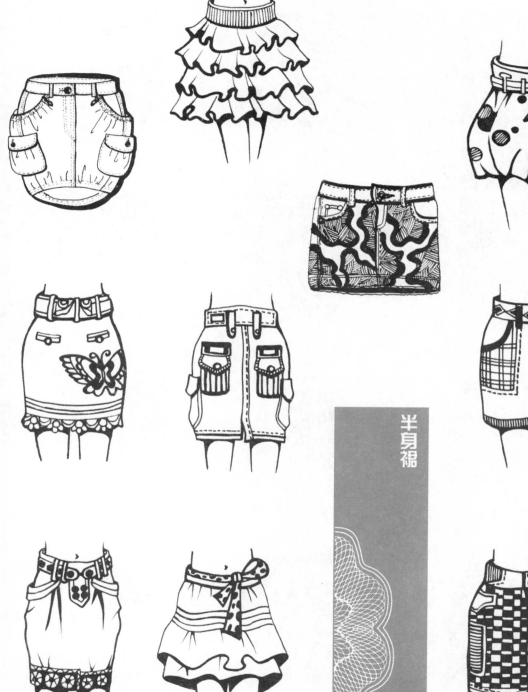

半身裙

半身裙

连衣裙

　　连衣裙又称连体裙，是将上衣和裙子连为一体的服装。整体形态感强，造型灵活，穿着方便，展现女性优美身姿。不受面料的薄厚限制，适宜不同的季节；风格迥异，适宜职业、休闲、礼仪和日常场所，因此，受到不同年龄段女性的青睐。

　　设计要点：上衣和裙体造型的变化、肩部的宽窄、腰节位置的高低、袖子的长短、袖型的轮廓、省道线的分割、领型的变化、裙子的长短、裙摆的宽度、面料的肌理与装饰等是设计创新点。

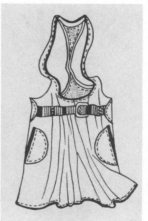

连衣裙

连衣裙

连衣裙

晚礼服

　　晚礼服又称夜礼服、晚宴服，是女士参加晚间正式礼仪和高品位场合穿用的礼服品种之一。适用于婚礼、商务酒会、高级晚宴等，是女士礼服中最高档次、最具特色、充分展示个性的服装。常与披肩、外套、斗篷、华美的首饰等搭配。

　　设计要点：强调女性高贵的气质和窈窕身姿，肩、胸、臂、领口可充分展露，夸张臀部以下裙子的重量感，装饰新颖别致，采用镶嵌、刺绣、细褶、花边、蝴蝶结、亮片来突出高贵优雅，为迎合夜晚奢华、热烈的气氛，以丝光面料、闪光缎等华丽、高贵面料营造神秘浪漫和奢华感。

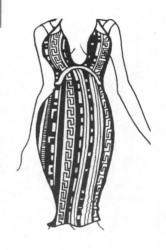

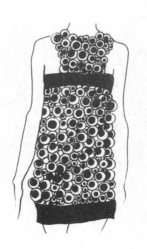

晚礼服

晚礼服

晚礼服

裤子

女式长裤

　　长裤指由腰及脚踝、有上裆和两个裤管的下体服装，适合不同场合。女裤根据造型或者常用名称分为西裤、休闲裤、萝卜裤、铅笔裤等。

　　设计要点：舒适自然、造型新颖变化，腰线的高低、臀围的大小、外形的变化、裤口的造型是女裤的流行因素。

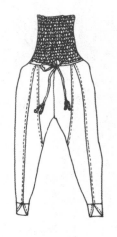

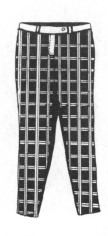

女式长裤

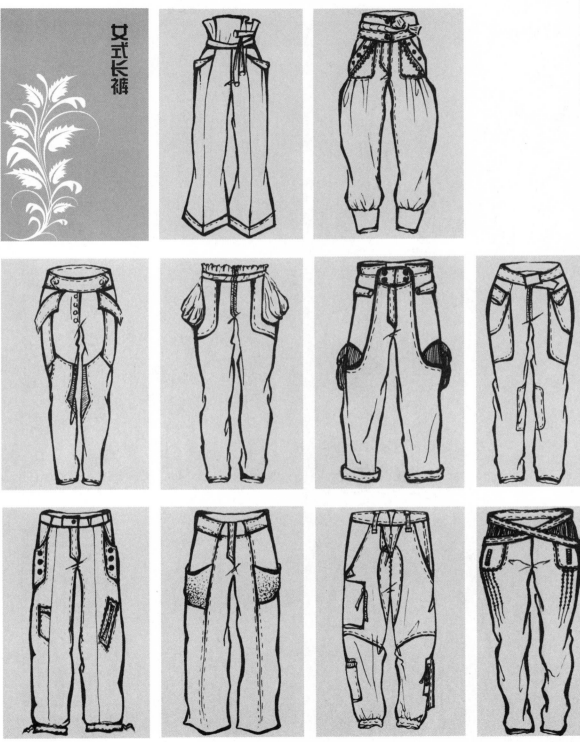

女式长裤

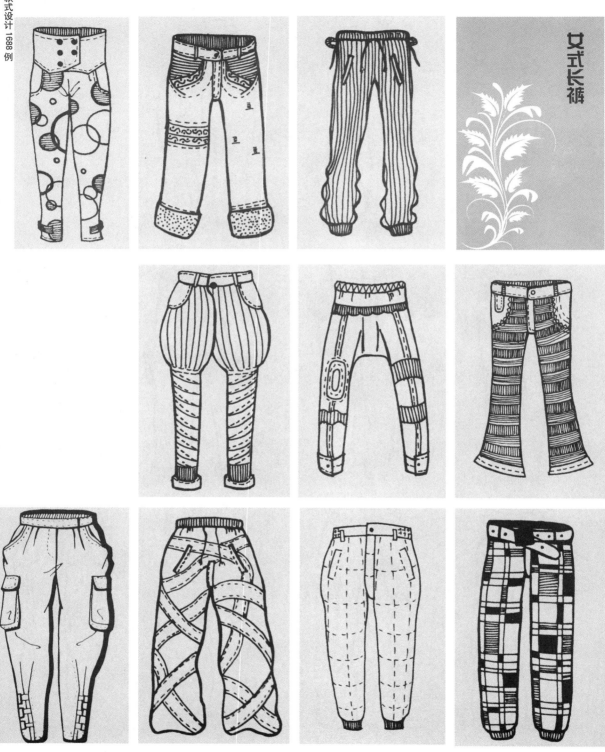

女式长裤

女式短裤

　　短裤又名热裤，一般为夏秋季遮盖下体至大腿的下装。长短不一，清凉轻便，舒适实用，穿着简单，允许身体做大幅度的动作，时尚性感，突破季节限制，成为女性时装。

　　设计要点：裤子的长短、裤型的廓型、裤口的造型与装饰是女式短裤的特点。

女式短裤

女式短裤

女式短裤

裙裤

裙裤是现代女式裤类的一种，是裤子与裙子的结合体，像裤子一样具有裆结构，外观形似裙子，下摆放宽，既保留了裤子便利的优点，又像裙子般飘逸浪漫和宽松舒适，成为女性夏秋季节的日常服装。

设计要点：色彩图案丰富，面料有一定的悬垂性，长度、裤口的大小会产生奇妙的造型变化，可以以褶裥、镶色的滚条、绣花、烫钻为装饰。

裙裤

裙裤

裙裤

外套·大衣

女式西装

　　西装是单独西式上装或西式套装的统称。单独西装以原装袖、驳领、单排或双排扣、一胸袋两腰袋为传统特点，裁剪适体，已发展成为国际盛行的服装款式大类，女式西装借鉴了男士西装的款式特点。在现代社会，女式西装体现了女性的独立、自信和庄重感，适宜中青年女性的职业、礼仪等正式场合。

　　设计要点：肩型与领型随流行趋势变化，胸部饱满自然，腰线收紧，下摆略大，以优雅造型来突出女性高雅之美，风格轻快简洁。与裙子搭配时适宜挑选合体、外轮廓线曲线感较强的西装来显示女性身姿。

女式西装

女式夹克

　　夹克为英文"Jacket"的音译，原意指长度较短、胸围宽松、紧袖克夫、紧下摆克夫的上衣，现在泛指各种面料与款式的短上衣的总称。以造型活泼、轻便、富有朝气而为中青年所喜爱，适合非正式和休闲场合。

　　设计要点：局部造型不宜太夸张，增加高腰、省道线以显示女性身材，可通过不同质感面料异色拼接、线迹变化以及口袋、拉链等个性化部件增加装饰效果。

女式夹克

女式夹克

女式夹克

女式风衣

风衣为春、秋季节防风尘穿着的轻便外套。源于20世纪初英国的陆军服，逐步成为一种规范穿着的生活装。款式活泼洒脱，有的带有脱卸式风帽，一般以舒适、随意、自然为主，面料轻便、防水性能好。

设计要点：采用不同肌理、服用性能好的涂层面料，有时尚感的色彩、中等长度、下摆略宽松、领型、腰带和扣襻变化是重要的设计元素。

女式风衣

女式风衣

女式风衣

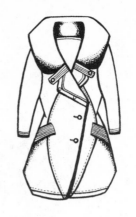

女式大衣

　　女式大衣指秋冬日常穿着的中长外衣，衣长一般至膝盖上下。分派克大衣、礼服大衣、御风寒连帽风雪大衣等，适合不同年龄的女性。衣襟样式有单排纽、双排纽，面料以羊毛、羊绒、厚型呢料、动物毛皮、皮革为多。

　　设计要点：随流行趋势而不断变换式样，注意衣片内结构线的变化、下摆的造型、腰带和口袋等附件的搭配，面料以肌理均匀、柔软轻巧、饱满毛绒为佳，以突出大衣的华贵庄重。

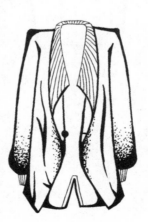

女式大衣

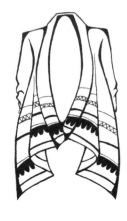

女式大衣

女式大衣

女式羽绒服

羽绒服指内填充羽绒、丝绵等絮填料的外衣，具有防寒性好、轻柔蓬松等优点，是冬季主要御寒服饰。随着各种活动场所环境舒适度提高，御寒已不再是羽绒服的唯一功能，款式个性时尚的羽绒服越来越受到大家欢迎。

设计要点：女式羽绒服设计趋势为时装化和个性化。既轻薄又保暖的面料、自然的廓型、流畅感的线条、缝纫线迹形成的肌理、面料的异色拼接、拉链、扣件的个性化搭配都带来标新立异感。

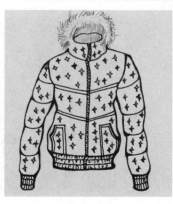
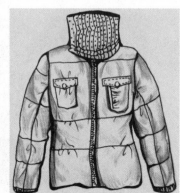

女式羽绒服

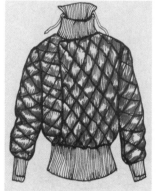

女式羽绒服

女式羽绒服

女式羽绒服

Part 3

男装款式设计

上衣

裤子

外套・大衣

上衣

男式马甲

男士马甲指无袖的外套，一般开襟，有纽扣。常常分为西装马甲和休闲马甲，前者与西服套装、衬衫搭配，较为正式。后者款式丰富，适宜日常生活、外出等随意场合。

设计要点：男式西装马甲款式简洁，做工精致，注重细节设计，门襟适度变化，后片面料与前片面料的材质对比，形成视觉反差，精致的同色系装饰，显得与众不同。注重与衬衫和西服的色彩搭配。休闲马甲的衣领、门襟、后片、衬里设计都略微大胆，在平淡中见花样，大气的宽门襟、双排扣或拉链突出休闲惬意的设计风格。

男式马甲

男式马甲

男式马甲

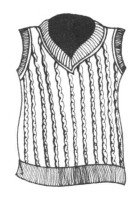

男式背心

　　男士背心指仅有前后衣身的无袖、套头上衣，简洁自然、保暖美观。按其制作材料不同，可分为皮背心、针织背心、羽绒背心等。可单层、夹层，也可在夹背心中填入絮料。

　　设计要点：长度通常在腰以下臀以上，造型流畅，以宽松为主，材料广泛，针织背心给人以健康的印象，丝绸背心适合与高档外套、衬衫等搭配。

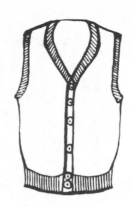

男式背心

男式背心

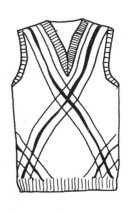

男式背心

男式衬衫

衬衫原指为西装、礼服等正规服装做内衬的服装的统称，现在也包括各种贴身穿的单衣。根据用途的不同，男衬衫分为搭配西装的正式衬衫和单穿的休闲衬衫，前者以白色为主，与西服等其他服装搭配，适宜正式场合；后者款式略活泼，适合半正式或休闲场合。

设计要点：正式商务衬衫以高支纱的纯棉面料为主，薄而挺括飘逸，恰到好处的淡色系、浅色的细条纹和精细的做工是必备元素，领型多为标准领、立领、翻领。休闲衬衫的质地、款式可以适度变化，色彩更加明快，双拼色、异色领、敞角领等，领尖形状丰富，扣子装饰性强。

男式衬衫

男式衬衫

男式T恤

也称"文化衫"，来源于英文"T-shirt"的英译，外形似英文字母"T"而得名的翻领或无领、长袖或短袖的外穿薄上衣。以自然舒适、潇洒又不失庄重之感适合各种休闲、商务或礼仪场合，满足了人们返璞归真、崇尚自然的心理要求。

设计要点：男式T恤宜选用纯棉、麻或麻棉混纺面料制作，以突出其透气、柔软、舒适等优点。结构简单，注重款式细节变化，通常在领口、下摆、袖口的色彩、图案和造型上做适当的装饰变化，如罗纹领、罗纹边等，别具一格，衬托出男士的英武。

男式T恤

男式T恤

男式卫衣

　　男士卫衣指内加一层棉绒的厚秋衣，宽松简洁是其主要特征。有套头式、开襟式、连帽式等。一般袖口有松紧带，有的腹部有口袋，有的加罗纹底边或领口，保暖性好，便于运动或休闲，卫衣融合舒适与时尚，成为不同年龄男士运动休闲的日常服装。

　　设计要点：男式卫衣以薄型或者中厚面料为主，避免臃肿，直线分割线、小面积印花图案来丰富造型和外观。

男式卫衣

男式卫衣

男式卫衣

男式运动服

　　指从事体育运动和相关活动穿用的轻便服装，包括运动外套、运动裤、运动背心与运动短裤等丰富品种。随着健身和休闲生活方式的推崇，款式变化丰富，受到男女老少的喜爱。

　　设计要点：男式运动服呈现出时尚、安全轻便、舒适健康、高性能的设计趋势。色彩鲜艳明快，款式简洁，有一定的宽松度，采用柔软耐磨、弹性好、保温散热的针织物，增加分割线和彩条斜线等装饰线丰富外观，帽口、袖口和裤脚都可调节松紧。

男式运动服

男式运动服

男式运动服

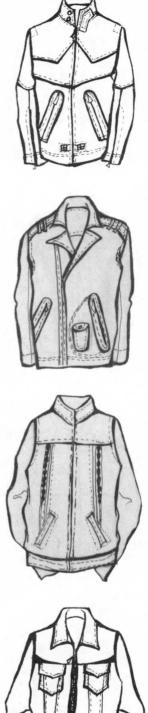

男式牛仔服

　　以牛仔布为面料且紧身、贴体的服装统称为牛仔服。最早在美国西部地区的牧人和矿工中流行，因缉线显露、坚固耐用、穿着随意、风格粗犷、实用性强等特点成为日常服装，深受世界人民的喜爱。款式有牛仔夹克、牛仔裤、牛仔衬衫、牛仔背心、牛仔马甲等。

　　设计要点：采用高科技含量的牛仔面料，细部造型及装饰要伴随着流行不断演绎变化，运用个性化后处理手法，可加强粗犷的线迹、多层的口袋等细节设计。

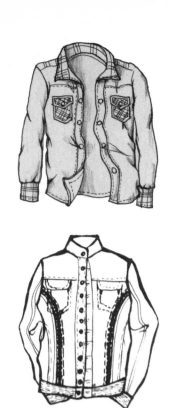

男式牛仔服

男式牛仔服

男式牛仔服

男式针织衫

　　针织衫是由针织材料制成的上衣。质地柔软、透气性好、弹性优良、穿着舒适，适合男士外穿或者与套装搭配。

　　设计要点：男式针织衫要注意材料的薄厚、针法的个性化和色彩流行变化。以平针针法为主，细羊毛、马海毛毛线、针织面料等为主材，搭配格子、条纹等经典时尚元素，适合商务等较为正式场合。粗犷的棒针针法突出个性化肌理，有较强的感染力，适合休闲居家场所。

男式针织衫

男式针织衫

男式针织衫

男式针织衫

裤子

男式长裤

　　指由腰至脚踝，有立裆和两个裤管的下体服装，适合不同场合穿着。男裤根据造型分为西裤、休闲裤、筒裤等。

　　设计要点：在舒适自然的前提下，造型简洁，上裆放松量适中，与男士体型协调，给人以平和稳重之感，长裤色彩要与上衣、鞋子的色彩搭配协调，面料适宜竖条纹以增加视觉修长感，以弥补男性下肢较短的特点。

男式长裤

男式七分裤

男式七分裤

男式短裤

一般为夏秋季穿着的下装。长短不一，清凉轻便、舒适实用，穿着简单，允许身体做大幅度的动作，为不同年龄段男士的休闲服装。

设计要点：西式短裤长度不宜太短，面料挺括；休闲短裤实用性较强，适当大小的口袋、稳重的色彩是必要的；沙滩短裤则色彩艳丽，图案略夸张。

男式短裤

男式短裤

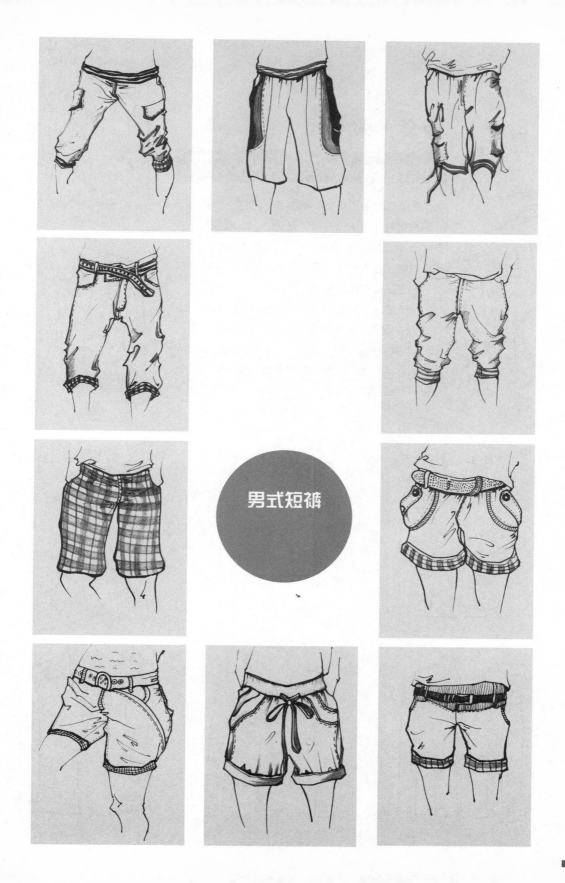

男式短裤

外套·大衣

男式西装

　　男士西装指西式上装或套装，与同一面料的背心和西裤组成男子三件套，是企业、政府机关、商务人员的正式场合着装。主要特点是外观挺括、线条流畅、自然洒脱、穿着得体，与领带或领结搭配，则更显得高雅庄重。

　　设计要点：西装有深厚的文化内涵，从百年流行史就可以看出，设计变化主要体现在腰线的高低、腰围的松紧、领型的变化、肩部的宽窄、衣片的分割、肩与袖的缝合关系、胸部的饱满量等，以夸张男性挺拔、阳刚之气。

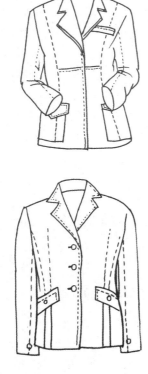

男式西装

男式西装

男式西装

男式夹克

夹克为英文"Jacket"的音译，原意指短外衣、胸围宽松、紧袖克夫、紧下摆克夫的上衣，现在泛指各种面料与款式的短上衣的总称。以造型活泼、轻便、富有朝气而为中青年男性所喜爱，适合非正式和休闲场合。男式夹克按照其使用功能可分为便装夹克、礼服夹克和工作服夹克。

设计要点：局部造型平直挺括，突出阳刚之气，直线造型、线迹变化、口袋、拉链等个性化部件增加装饰效果，采用流行面料与材质，例如，牛仔夹克、皮夹克、羽绒夹克等。

男式夹克

男式夹克

男式夹克

男式风衣

适合各年龄段男士在春秋季节防风尘穿着的轻便外套。源于20世纪初英国的陆军服,逐步成为一种规范穿着的生活装。款式活泼洒脱,有的带脱卸式风帽,一般以舒适、随意、自然为主,面料轻便、防水性能好。

设计要点:时尚感的面料与颜色及流行款式,与内外衣搭配的风格、金属扣襻等元素的变化是设计要点。

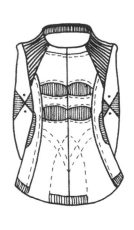

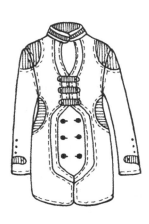

男式风衣

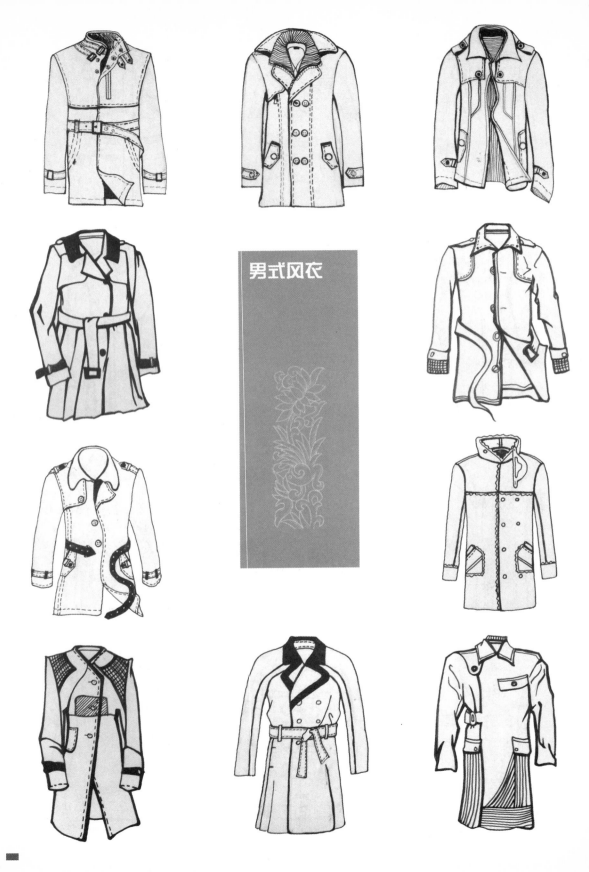

男式风衣

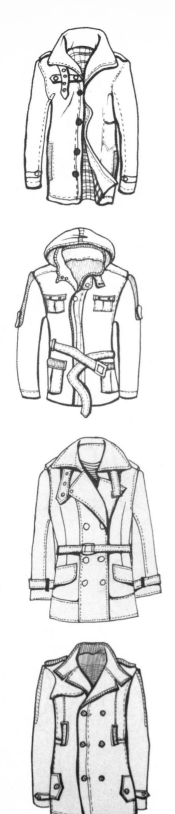

男式风衣

男式大衣

指秋冬日常穿着的中长外衣，衣长一般至膝盖上下。分礼服大衣、御风寒连帽风雪大衣等，适合不同年龄的男性。面料以羊毛、羊绒、厚型呢料、动物毛皮、皮革为多。

设计要点：面料适宜选择均匀、柔软轻巧、饱满毛料为佳，以突出大衣的华贵庄重，设计以直线廓型为主、装饰不宜繁复。

男式大衣

男式大衣

男式大衣

男式羽绒服

　　指内填充羽绒、丝绵等絮填料的上衣。具有防寒性好、轻柔蓬松等优点，成为冬季主要御寒服饰。

　　设计要点：男式羽绒服设计休闲化、运动化，以独特的面料质感，营造洒脱、舒适的穿着感，造型随意但不臃肿，线条流畅，个性特色鲜明，适宜快节奏生活。

男式羽绒服

男式羽绒服

男式羽绒服

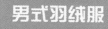

参考文献

[1] 张渭源，王传铭. 服饰辞典 [M]. 北京：中国纺织出版社，2011.

[2] 梅自强. 纺织辞典 [M]. 北京：中国纺织出版社，2007.

[3] 夏洛特·曼基·卡拉希帕塔. 仙童英汉双解服饰辞典[M]. 郭建南，译. 北京：中国纺织出版社，2005.

[4] 罗仕红，伍巍. 现代服装款式设计 [M]. 长沙：湖南人民出版社，2009.

[5] 王鸣. 服装款式设计大全 [M]. 沈阳：辽宁科技出版社，2002.

[6] 吕春祥. 服装款式构成 [M]. 西安：陕西人民美术出版社，2005.

[7] 李小平. 服装款式设计 [M]. 武汉：湖北美术出版社，2001.

[8] 张莉. 图案·空间文化·设计 [M]. 西安：陕西人民美术出版社，2003.

[9] 崔玉梅. 服装设计基础 [M]. 北京：高等教育出版社，2009.

[10] 徐青青. 服装设计构成 [M]. 北京：中国轻工业出版社，2001.

[11] 日本文化学院. 服装造型讲座. 女衬衫：连衣裙 [M]. 张祖芳，译. 上海：东华大学出版社，2004.

[12] 胡晓东. 服装设计图人体动态与着装表现技法 [M]. 武汉：湖北美术出版社，2009.

[13] 凌雅丽. 服饰创意:创意篇 [M]. 上海：上海书店出版社，2006.

后记 Postscript

　　本书是在我多年积累的"服装款式构成"教学讲义与教学成果的基础上编写而成，感谢学生们凝聚才思与设计潜质的习作给了我编著的动力！感谢王宁、高静、闫超伟、张琛、朱琼、林瑶、闫文静、李丽蓉、陈如梦、李小芳、谢航、张振亚、史鹏等同学绘制了部分款式图！个别作品的署名年久无法查证，特向原作者致歉！在此，一并向给予帮助与支持的各位老师、同事、学生以及所列参考书目的编著者表示诚挚谢意！

　　囿于本人水平与精力所限，书中的疏漏与欠妥处，诚望各位专家学者批评指正。

编著者

2012年11月于西安美术学院

中国国际贸易促进委员会纺织行业分会

中国国际贸易促进委员会纺织行业分会成立于1998年,成立以来,致力于促进中国和世界各国(地区)纺织服装业的贸易往来和经济技术合作,立足为纺织行业服务,为企业服务,以我们高质量的工作促进纺织行业的不断发展。

简况

每年举办(或参与)约20个国际展览会
涵盖纺织服装完整产业链,在中国北京、上海和美国、欧洲、俄罗斯、东南亚、日本等地举办
广泛的国际联络网
与全球近百家纺织服装界的协会和贸易商会保持联络
业内外会员单位2000多家
涵盖纺织服装全行业,以外向型企业为主
纺织贸促网 www.ccpittex.com
中英文,内容专业、全面,与几十家业内外网络链接
《纺织贸促》月刊
已创刊十八年,内容以经贸信息、协助企业开拓市场为主线
中国纺织法律服务网 www.cntextilelaw.com
专业、高质量的服务

业务项目概览

中国国际纺织机械展览会暨ITMA亚洲展览会(每两年一届)
中国国际纺织面料及辅料博览会(每年分春夏、秋冬两届,分别在北京、上海举办)
中国国际家用纺织品及辅料博览会(每年分春夏、秋冬两届,均在上海举办)
中国国际服装服饰博览会(每年举办一届)
中国国际产业用纺织品及非织造布展览会(每两年一届,逢双数年举办)
中国国际纺织纱线展览会(每年分春夏、秋冬两届,分别在北京、上海举办)
中国国际针织博览会(每年举办一届)
深圳国际纺织面料及辅助博览会(每年举办一届)
美国TEXWORLD服装面料展(TEXWORLD USA)暨中国纺织品服装贸易展览会(面料)(每年7月在美国纽约举办)
纽约国际服装采购展(APP)暨中国纺织品服装贸易展览会(服装)(每年7月在美国纽约举办)
纽约国际家纺展(HTFSE)暨中国纺织品服装贸易展览会(家纺)(每年7月在美国纽约举办)
中国纺织品服装贸易展览会(巴黎)(每年9月在巴黎举办)
组织中国服装企业到美国、日本、欧洲及亚洲等其他地区参加各种展览会
组织纺织服装行业的各种国际会议、研讨会
纺织服装业国际贸易和投资环境研究、信息咨询服务
纺织服装业法律服务

更多相关信息请点击纺织贸促网 www.ccpittex.com